AF585812

EXPLICATION

DU ZODIAQUE DE DENDERAH.

DE L'IMPRIMERIE DE BAUDOUIN FILS,
RUE DE VAUGIRARD, N° 36.

DESCRIPTION

DE L'APPARTEMENT

DU ZODIAQUE DE DENDERAH (TENTYRIS).

EXPLICATION DES SIGNES DU ZODIAQUE.

REMARQUES

Sur l'antiquité de ce monument précieux, accompagnées d'une notice sur le temple de Denderah.

Par J. CHABERT,

AUTEUR DE PLUSIEURS OUVRAGES.

Le dessin du Zodiaque et la brochure explicative se vendent 2 francs,

A PARIS,

Chez MARTINET, Libraire, rue du Coq-Saint-Honoré, n° 15.

1822.

DESCRIPTION

DE L'APPARTEMENT

DU ZODIAQUE.

L'appartement du Zodiaque paraît avoir été une espèce de sanctuaire, de lieu consacré à l'astronomie et à la représentation des phénomènes terrestres qui se lient à ceux du ciel. Peut-être était-il la demeure de l'un des prêtres égyptiens qui, en desservant le temple de Tentyris, était plus spécialement occupé de l'étude du ciel? Peut-être aussi était-ce un lieu du temple où Osiris avait un tombeau ; car on sait, d'après les témoignages d'Hérodote et de Diodore de Sicile, que les tombeaux de ce Dieu étaient très-révérés et très-multipliés en Égypte, et qu'il y avait peu de villes importantes qui n'en renfermassent un. Quelle que fût, au reste, la destination de cet appartement, il sera toujours certainement pour les savans l'objet de la plus vive curiosité, et il offrira à leur zèle un ample sujet d'étude et de recherches. Il serait à désirer, d'après la liaison que les savans de l'expédition de Napoléon ont observée dans la plupart des bas-reliefs qui le décorent, que la totalité de ces sculptures fût recueillie, sans qu'aucun des hiéroglyphes qui les accompagnent fût omis ; alors probablement on aurait, dans des em blèmes ingénieusement exprimés, une histoire continue et bien liée des divers phénomènes de la nature, qui intéressaient tant ces Égyptiens ; car l'existence de ces peuples dépendait de la présence du Nil, de telle sorte que, si les débordemens de ce fleuve cessaient de se renouveler périodiquement chaque année, l'Égypte n'offrirait bientôt plus que l'aspect d'un vaste désert. Un examen plus détaillé des sculptures de l'appartement du Zodiaque donnerait vraisemblablement lieu à d'autres rapprochemens avec le traité d'Isis et d'Osiris, et l'on trouverait sans doute que plusieurs des passages de cet ouvrage curieux ne sont en quelque sorte que la traduction des bas-reliefs égyptiens.

EXPLICATION DU ZODIAQUE DE DENDERAH.

Le Zodiaque circulaire de Denderah est un véritable planisphère (1) porté par quatre groupes de deux hommes à tête d'épervier, et par quatre figures de femmes debout qui se succèdent alternativement. Ces groupes sont agencés avec goût, et le génie allégorique des Égyptiens ne pouvait faire un choix plus heureux pour nous montrer l'univers porté, pour ainsi dire, par les deux plus puissantes divinités de leur théogonie, Osiris et Isis. A côté de chacune des figures d'Isis sont des

(1) La masse du monument a huit pieds carrés de surface, et un pied d'épaisseur ; sa matière est un grès tiré des montagnes de la haute Égypte : ce grès est friable, homogène et jugé primitif.

lignes d'hiéroglyphes qui ont été copiées avec le plus grand soin et la plus scrupuleuse exactitude; une bande circulaire de grands hiéroglyphes entoure le médaillon. Dans l'espace qui les sépare, on voit deux légendes hiéroglyphiques opposées l'une à l'autre, et qui se trouvent sur un même diamètre avec le Cancer et le Capricorne. Deux hiéroglyphes, représentant probablement la feuille et le fruit de quelque plantes se trouvent dans le même espace ; ils sont aussi opposés l'un à l'autre, et sont placés sur un même diamètre avec le Taureau et le Scorpion. Celui qui se trouve placé du côté du Taureau indique l'équinoxe de printemps, et celui qui figure du côté du Scorpion désigne l'équinoxe d'automne. Ce monument astronomique et religieux a été découvert lors de la conquête de Saïd par le général Desaix. Ce fut cet illustre guerrier qui le fit remarquer le premier aux officiers de son armée. On y distingue à la première vue les douze signes du Zodiaque distribués sur une spirale dans l'ordre suivant : le Lion, la Vierge, la Balance, le Scorpion, le Sagittaire, le Capricorne, le Verseau, les Poissons, le Bélier, le Taureau, les Gémeaux et le Cancer. Tous ces signes marchent les uns à la suite des autres dans le même sens. S'ils eussent été distribués sur la circonférence d'un cercle, il n'aurait pas été possible de reconnaître quel était celui qu'on devait considérer comme ouvrant la marche et entraînant tous les autres après lui ; mais leur disposition sur une spirale ôte toute espèce d'incertitude, et l'on voit qu'on a voulu indiquer le Lion comme le chef des signes du Zodiaque.

Les rapports vraisemblables qui se trouvent entre

ces constellations et les divinités de l'Égypte font conjecturer que les Égyptiens avaient voulu représenter leurs Dieux dans le ciel.

1°. Le Lion qu'on voit dans le planisphère marchant sur un serpent, était pour les Egyptiens le double emblème de l'inondation du Nil et de l'excessive chaleur, ainsi qu'on le voit dans Plutarque, Élien et Horus Apollon; il fut consacré à Osiris.

2°. La Vierge qui marche à la suite du Lion porte une poignée d'épis : ce signe annonce le temps des moissons, dont la coupe avait lieu à cette époque ; la figure avec des cornes, qu'on remarque derrière la Vierge, et celle tenant une faux placée au-dessous de la Vierge, indiquent aussi la coupe des moissons.

3°. La Balance qui suit le signe de la Vierge fixait, suivant Dupuis, l'exaltation et la dépression du Soleil. Ce savant observe que la Lune de l'équinoxe de printemps se trouvait pleine vers la fin de la Balance près du Scorpion. Un cynocéphale debout, ou une figure à tête de chien surmontée d'un ornement, et placée au-dessous de l'un des bassins de la Balance, est le caractère hiéroglyphique par lequel les Egyptiens représentaient le lever de la Lune au rapport d'Horus Apollon. On trouve, dit Dupuis, au centre du cercle, vers le haut de la colonne, un cygne. C'est la constellation du Cygne céleste qui passe au méridien supérieur avec les constellations du Capricorne et du Verseau. Il concourait à fixer le passage du point du solstice d'hiver par le méridien supérieur.

4°. Le Scorpion était consacré à Typhon ; les maladies, à l'époque où le Soleil rétrograde, ont été caractérisées par le Scorpion.

5°. Le Sagittaire a deux faces. Ce signe indiquait la fin de l'année et était consacré à Hercule; il exprimait la chasse que les anciens faisaient aux bêtes féroces à la chute des feuilles.

6°. Le capricorne appartenait à Pan; quant à la Chèvre, dit Macrobe, sa méthode de paître est de monter toujours et de gagner les hauteurs ; de même, le soleil, parvenu au Capricorne, commence à abandonner le point le plus bas de sa course pour revenir au plus élevé.

M. Remi Raige, dans son Mémoire, dit, comme Dupuis, que le soleil a occupé au solstice d'été le groupe d'étoiles renfermées dans l'image du Capricorne, et que maintenant, selon les lois de la précession des équinoxes, ce solstice a rétrogradé de plus de 7 signes, c'est-à-dire du Capricorne dans le Taureau : ce qui donnerait au Zodiaque une antiquité de 15,000 ans.

7°. Le Verseau. Ce signe est indiqué sur le planisphère par un homme tenant un vase à peine penché qui laisse couler peu à peu l'eau qu'il contient. Plutarque raconte que dans le mois de janvier, qui répondait au signe du Verseau, on allait en cérémonie puiser de l'eau dans la mer.

On voit d'après cela que le Verseau (*aquarius*) représentait une cérémonie religieuse.

8°. Les Poissons étaient consacrés à Nephtis déesse, de la mer ; les poissons liés ou pris au filet indiquaient la pêche qui est excellente aux approches du printemps.

9°. Le Bélier est couché et regarde derrière lui. On remarque près du Bélier la chèvre et le chien céleste, surmonté de l'épervier symbolique, qui, suivant Clément d'Alexandrie, désignait l'équinoxe de printemps.

Le bélier était consacré à Jupiter Ammon, qui présidait à l'équinoxe de printemps.

10°. Le Taureau répondait au dieu Apis ; on le voit sur le planisphère s'élançant et regardant derrière lui. Ses cornes sont tournées vers le haut. Cette direction indiquait le commencement du mois lorsque la Lune après sa conjonction paraissait pour la première fois ; lorsqu'au contraire le Taureau avait les cornes baissées, il annonçait la fin du mois.

Ce signe a été choisi pour désigner, par son nom ou sa figure, le mois du labourage.

11°. Les Gémeaux sont deux hommes qui se tiennent par la main ; ils étaient consacrés à Horus et Harpocrate, divinités qu'on ne séparait point en Egypte.

12°. Le Cancer représentait Anubis. Les Colures des solstices, dit Dupuis, passaient par les 30 degrés du Cancer et par les 30 du Capricorne, quand ceux des équinoxes passaient par le Bélier et la Balance.

Près du Cancer, poursuit ce savant, par lequel passait le Tropique d'été, ou le cercle que décrivait le soleil lorsqu'il était parvenu à son plus haut degré d'élévation, c'est-à-dire presque au zénith de Denderah, on voit un emblème, qui désigne une très-grande hauteur. C'est effectivement une pyramide surmontée du disque solaire.

NOTICE SUR LE TEMPLE DE DENDERAH,

L'ANCIENNE TENTYRIS D'ÉGYPTE.

Le temple de Denderah est situé sur la rive droite du Nil, et sous 30 degrés 20 minutes 42 secondes de longitude, et à 26 degrés 10 min. de latitude, à un quart de lieue environ des bords du fleuve, au-dessous de Quesné, précisément en face des ruines. Il est bâti en carré long et de pierres blanches tirées des rochers calcaires dont les montagnes voisines sont composées. La façade est de 132 pieds et quelques pouces de longueur; au milieu de la corniche est un globe soutenu par les queues de deux poissons. D'énormes colonnes de 21 pieds de circonférence supportent le vestibule.

Le portique du temple offre, comme celui d'Esné, vingt-quatre colonnes; toutes les soffites sont décorées de bas-reliefs, qui ont un rapport plus ou moins immédiat à l'astronomie.

En sortant du portique du temple, en prenant sur la droite, pour en faire le tour, on marche sur des monticules de décombres, qui, s'élevant par une pente rapide, enveloppent de ce côté le portique jusqu'à une hauteur assez considérable, et le temple, proprement dit, jusqu'à la partie inférieure de ces frises richement ornées.

Une ouverture évidemment forcée à travers l'entablement donne accès sur la terrasse du temple. En y pénétrant, on trouve aussitôt à droite un petit appartement divisé en trois pièces : la première où l'on entre est découverte; ses murs sont décorés de sculptures parfaitement exécutées : elle a 4 mètres 40 centimètres de largeur; on la traverse pour arriver à une seconde salle qui est ouverte et qui reçoit le jour par une porte à deux fenêtres à peu près carrées : c'est au plafond de cette salle qu'on apercevait le Zodiaque que nous avons déjà décrit et dont nous offrons le dessin.

Plusieurs figures égyptiennes qu'on observe dans le temple de Denderah, et qu'on a prises pour des cynocéphales, ou des singes, ne sont autre chose que des figures humaines qui ont des ceintures nubiennes.

Parmi les monumens de l'antique Égypte, il n'en est point de plus digne de fixer notre attention que le Zodiaque de Denderah. Aussi nous ne cessons de former des vœux pour que les possesseurs de ce monument précieux, accordé aux Français par le pacha d'Égypte, n'écoutent point les propositions qui pourraient leur être faites par les étrangers, et surtout pour que le gouvernement français s'empresse de le mettre au rang de ses plus sublimes possessions.

REMARQUES SUR L'ANTIQUITÉ DU ZODIAQUE.

M. Visconti semble convaincu, dans sa Notice sommaire des deux zodiaques de Tentyra, que le grand temple de Denderah a été exécuté dans cet espace de temps dans lequel le Thoth vague ou le commencement de l'année égyptienne répondait au signe du Lion; ce qui serait arrivé à peu près depuis l'an 12 jusqu'à l'an 132 de l'ère vulgaire. Il s'ensuivrait évidemment, en admettant cette opinion, que la construction du temple de Denderah devrait être placée dans les commencemens de la domination romaine en Égypte. M. Visconti ajoute en outre que, sur la corniche extérieure du grand portique du temple, il existe une inscription grecque dont il a été impossible à M. Denon de prendre copie, et que lorsqu'on la connaîtra, la question sera décidée. Cette inscription a été recueillie; elle a été publiée dans l'ouvrage de M. Hamilton sur l'Égypte. Mais qu'apprend-elle? rien assurément qui favorise les opinions de ce célèbre antiquaire. Il n'y est pas fait mention que le grand temple ait été construit sous le règne de Tibère. On ne peut y reconnaître autre chose, sinon que, sous ce prince, on a dédié le pronaos aux dieux honorés dans le pays. Les gouverneurs romains en ont agi comme les rois grecs dont les noms sont gravés sur quelques-uns des monumens de l'Égypte; encore est-il certain que les Ptolémées ont fait plus que les empereurs romains pour la religion égyptienne. On ne persuadera jamais que, sous la domination romaine, on ait construit un temple comme celui de Denderah, lorsqu'on sait, d'après les auteurs romains eux-mêmes, qu'au temps où Ælius-Gallius était gouverneur de l'Égypte, la religion égyptienne était tombée en désuétude, et que l'on n'en connaissait plus que les rits qui étaient expliqués aux étrangers par des prêtres ignorans et vains.

M. Visconti a avancé que le grand temple de Denderah ne peut être antérieur à la conquête d'Alexandre. Dans sa Notice sur les deux zodiaques de Tentyris, ce célèbre antiquaire, tout en accordant un certain crédit à l'opinion que l'on vient de combattre, ne croit pas devoir exclure la possibilité que le temple de Denderah ait été construit sous le règne de l'un des Ptolémées. Le motif de sa supposition repose sur une seconde explication qu'il donne du Zodiaque, en admettant, avec M. Dehanause, une année fixe en Égypte, depuis le règne d'Alexandre, ce qui permet d'assigner aux zodiaques une époque un peu plus ancienne que celle de la domination romaine. Mais dans l'espoir qu'il avait que cette explication pourrait être confirmée par l'inscription gravée sur le listel de la corniche du portique, où l'on trouverait sans doute le nom de quelques-uns des Ptolémées, il insiste surtout sur cette dernière hypothèse dans le supplément à sa Notice. Mais l'inscription grecque n'offre effectivement le nom d'aucun des rois lagides ; et comment, croire que si ces princes eussent fait bâtir le temple de Denderah, ils n'y eussent pas inscrit leurs noms, eux qui les ont fait graver souvent pour des restaurations de peu d'importance, ou seulement pour constater leur présence dans les anciens temples de l'Égypte?

On a cru remarquer quelque analogie entre les sculptures du temple de Denderah, et celle des édifices des Grecs, et l'on s'est hâté d'en tirer la conséquence que les premiers n'ont pu être construits que sous l'influence des Ptolémées. C'est ainsi que de la ressemblance de la plupart des signes du Zodiaque de Denderah avec ceux du zodiaque grec, M. Visconti conclut que les opinions des Grecs n'étaient pas étrangères à l'Égypte ; mais il paraît que c'est précisément la conséquence contraire que l'on devrait tirer ; il faudrait dire que les opinions des Egyptiens étaient connues des Grecs. En effet, il est assez bien établi par les témoignages des historiens et des philosophes grecs qui ont parcouru l'Égypte, et par tous les documens de l'histoire, que, si les Grecs ont quelque chose de commun avec les anciens habitans de cette contrée, cela ne peut être que le résultat des emprunts qui leur ont été faits.

Si donc les monumens de Denderah n'ont point été bâtis, ni sous le règne des princes grecs, ni sous la domination romaine, comme personne ne supposera que ces édifices doivent leur existence aux Perses, à ces destructeurs des temples et des palais de l'Egypte, à ces ennemis invétérés de la religion égyptienne, il faut nécessairement qu'ils aient été élevés à une époque antérieure où le pays était gouverné par des souverains indigènes.

FIN.

www.ingramcontent.com/pod-product-compliance
Lightning Source LLC
LaVergne TN
LVHW012018170826
845678LV00004BA/1551

* 9 7 8 2 3 2 9 6 3 0 7 3 1 *